ESPACIO INCREÍBLE

LOS TELESCOPIOS ESPACIALES

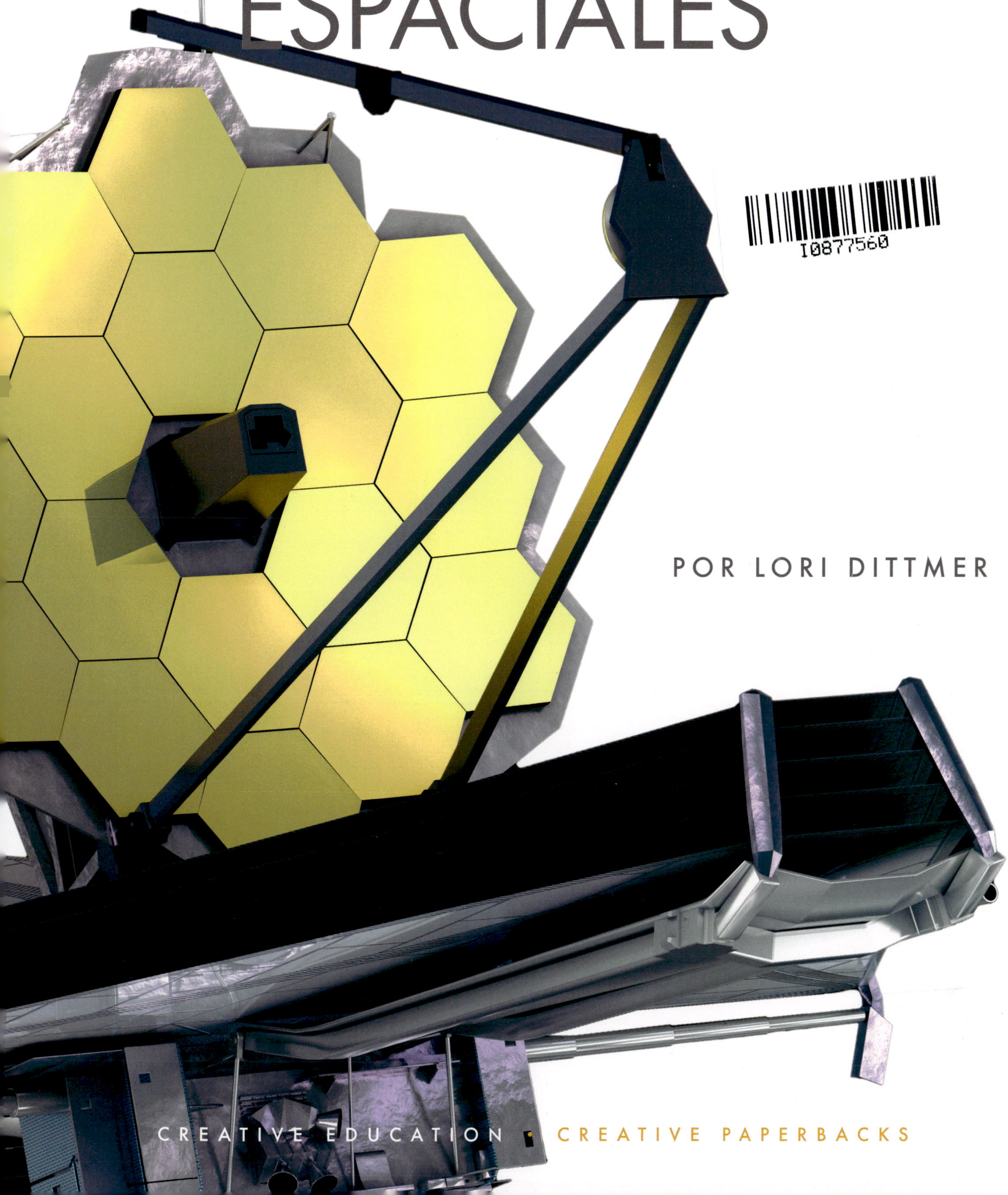

POR LORI DITTMER

CREATIVE EDUCATION • CREATIVE PAPERBACKS

Publicado por Creative Education
y Creative Paperbacks
P.O. Box 227, Mankato, Minnesota 56002
Creative Education y Creative Paperbacks
son sellos de The Creative Company
www.thecreativecompany.us

Diseño de The Design Lab
Dirección artística de Graham Morgan
Editado por Ana Brauer

Fotografías: Alamy Stock Photo/Alexandr Mitiuc, portada, 1, 22; NASA/Desconocido, 9, 18, 21, Chris Gunn, 5, ESA, 7, ESA, y M. Livio and the Hubble 20th Anniversary Team (STScI), 8, Goddard, 6, Goddard/Chris Gunn, 2, 17, Goddard/SDO, 13; Wikimedia Commons/NASA, 10, 14, 16, 20

Library of Congress Cataloging-in-Publication Data
Names: Dittmer, Lori, author.
Title: Los telescopios espaciales / Lori Dittmer.
Other titles: Space telescopes. Spanish
Description: Mankato, Minnesota : Creative Education and Creative Paperbacks, [2025] | Series: Espacio increíble | Includes index. | Audience: Ages 6–9 | Audience: Grades 2–3 | Summary: "Learn about space telescopes and how the tools help with research and discovery. Translated into North American Spanish, this astronomy title for elementary-aged kids includes captions, on-page definitions, a space science feature, and an index"— Provided by publisher.
Identifiers: LCCN 2024022761 (print) | LCCN 2024022762 (ebook) | ISBN 9798889895404 (library binding) | ISBN 9781682777336 (paperback) | ISBN 9798889895480 (ebook)
Subjects: LCSH: Space telescopes—Juvenile literature. | Orbiting astronomical observatories—Juvenile literature.
Classification: LCC QB500.267 .D5818 2025 (print) | LCC QB500.267 (ebook) | DDC 522/.2919—dc23/eng/20240617
LC record available at https://lccn.loc.gov/2024022761
LC ebook record available at https://lccn.loc.gov/2024022762

Impreso en China

Índice

El telescopio espacial James Webb se lanzó en 2021 y se encuentra a aproximadamente 1 millón de millas (1,5 millones de km) de la Tierra.

Los **telescopios** espaciales se lanzan al espacio. Nos ofrecen vistas de planetas y estrellas. Los científicos los observan desde el suelo. Los telescopios envían imágenes de vuelta a la Tierra. Nos ayudan a estudiar cosas que no podemos ver desde la Tierra.

telescopio instrumento que utiliza lentes o espejos para hacer que los objetos lejanos parezcan más grandes

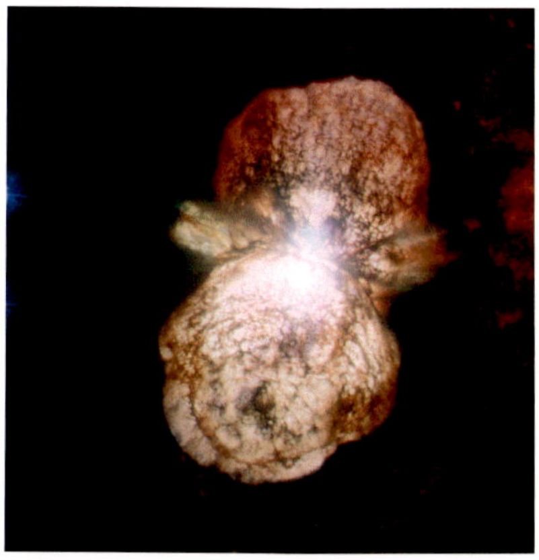

Los telescopios espaciales permiten a los científicos ver una supernova, que es cuando explota una estrella.

Los telescopios pueden ayudarnos a estudiar la Tierra desde el espacio. Algunos telescopios apuntan al Sol. Otros apuntan a diferentes planetas. Los primeros telescopios detectaban la luz que podemos ver con nuestros ojos. Los más nuevos miden diferentes tipos de energía.

Los telescopios espaciales permiten a los científicos ver más allá de la atmósfera de la Tierra.

Se han puesto en el espacio más de 90 telescopios. Muchos ya no están activos. Los cohetes los lanzan fuera de la **atmósfera** de la Tierra. La mayoría de los telescopios **orbitan** alrededor de la Tierra. Otros orbitan alrededor del Sol.

atmósfera la mezcla de gases que rodea la Tierra

orbitar viajar en una trayectoria alrededor de un objeto

El OAO-2 fue apodado Stargazer.

En 1968, la NASA lanzó el *Observatorio Astronómico Orbital-2* (OAO-2). Funcionó durante cuatro años. El telescopio envió muchas imágenes. Algunas mostraban cometas rodeados de nubes de gas. ¡Era la primera vez que los científicos veían eso!

NASA La Administración Nacional de la Aeronáutica y del Espacio es una agencia estadounidense que explora el espacio

Las explosiones en la superficie del Sol se denominan erupciones solares.

Algunos telescopios observan el calor de estrellas lejanas. Otro tipo mide los rayos X y los **rayos gamma**. Esta energía se encuentra en las explosiones de la superficie del Sol. A veces, estos rayos impiden que funcionen las señales de radio en la Tierra.

rayo gamma rayo invisible que emiten los materiales radiactivos nocivos

Los telescopios espaciales tienen muchas partes. Los espejos recogen la luz de las estrellas. Los espejos más grandes recogen más luz. Los paneles solares recogen la energía del Sol. Las baterías guardar la energía. Esto alimenta el telescopio. Los científicos utilizan un propulsor para cambiar la dirección del telescopio.

Construir un telescopio espacial cuesta miles de millones de dólares y lleva muchos años.

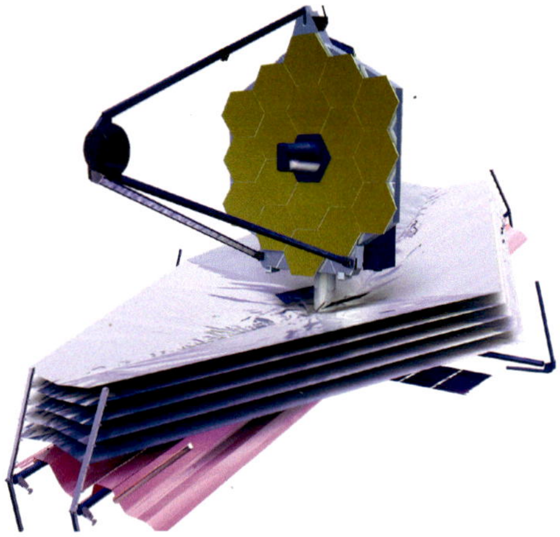

El telescopio espacial James Webb tiene un parasol del tamaño de una pista de tenis.

Los telescopios

tienen cámaras que toman fotografías. La información viaja desde la antena hasta las computadoras. Instrumentos científicos especiales miden la **radiación**. Los escudos protegen al telescopio de demasiada luz o calor.

radiación partículas nocivas de energía electromagnética que viajan desde un objeto en el espacio; algunos ejemplos son los rayos X, los láseres y las microondas

El *Telescopio espacial Hubble* se lanzó en 1990. Desde entonces, ha observado agujeros negros. Tomó imágenes de Plutón. Grabó asteroides chocando contra Júpiter. El *Hubble* orbita la Tierra 15 veces al día. Sigue enviando imágenes e información.

El Hubble tiene el tamaño de un autobús escolar.

El Hubble rastrea la Gran Mancha Roja de Júpiter, una tormenta gigante que siempre se arremolina.

Los telescopios nos dan información sobre el espacio. Hemos aprendido sobre la temperatura de las estrellas. Los telescopios han mostrado los tipos de gases que hay alrededor de los distintos planetas. Estamos aprendiendo más sobre los objetos de nuestro sistema solar y de más allá.

En el foco: Telescopio espacial James Webb

La NASA lanzó el *Telescopio espacial James Webb* en 2021. Fue creado para observar las profundidades del espacio. Permite a los científicos aprender cómo cambian los planetas y las estrellas con el paso del tiempo. El telescopio orbita alrededor del Sol. Sigue una trayectoria similar a la de la Tierra. El telescopio ha tomado imágenes de galaxias lejanas. ¡Incluso ha registrado el cambio de las estaciones en Saturno!

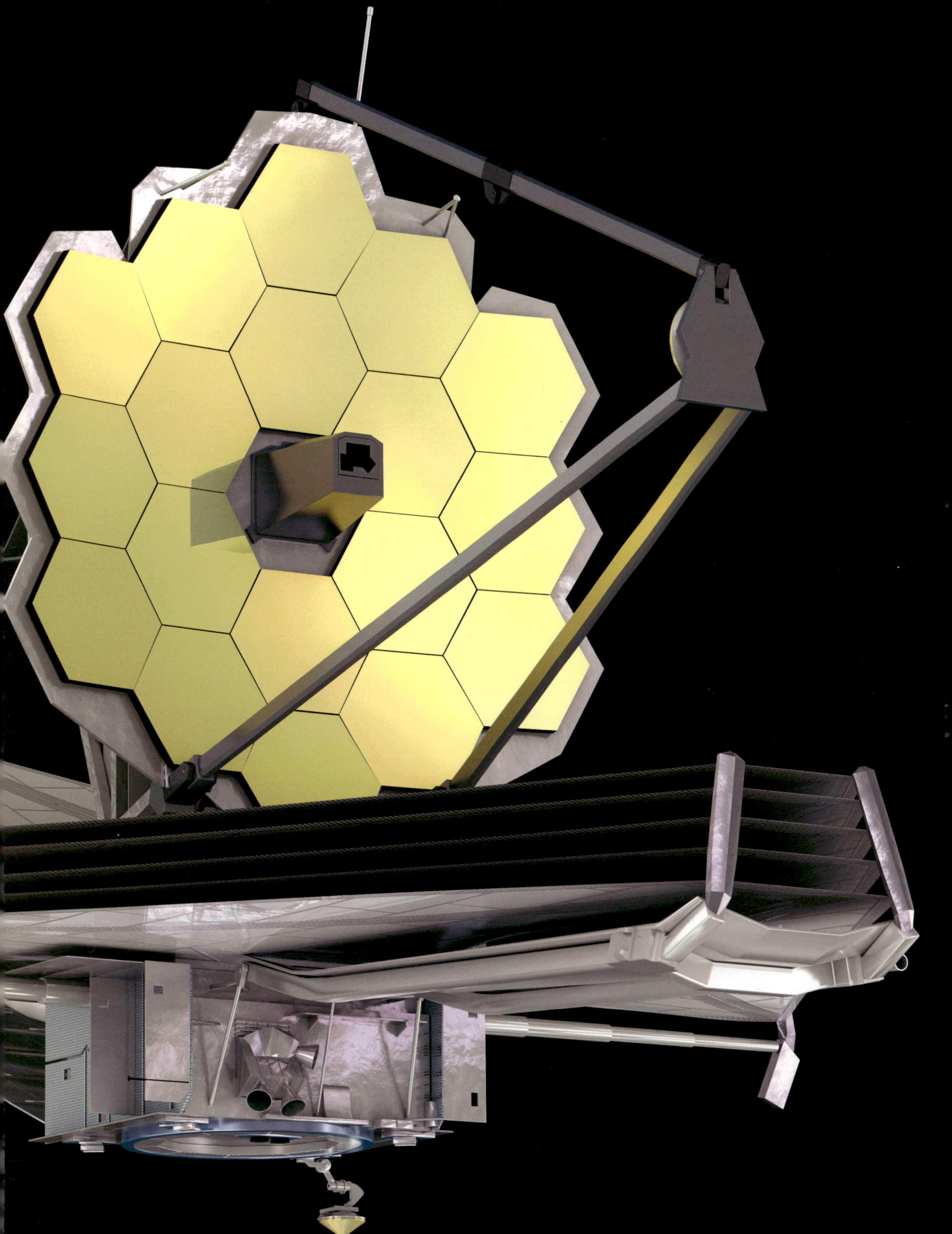

Índice